沙漠奇遇记

小沙鼠走亲戚

杨红樱 著

图书在版编目(CIP)数据

沙漠奇遇记·小沙鼠走亲戚/杨红樱著. —合肥:安徽少年儿童出版社,2020.6(2021.2重印)
ISBN 978-7-5707-0706-5

Ⅰ.①沙… Ⅱ.①杨… Ⅲ.①沙漠—儿童读物 Ⅳ.①P941.73-49

中国版本图书馆CIP数据核字(2020)第019225号

SHAMO QIYUJI
沙漠奇遇记
XIAO SHASHU ZOU QINQI
小沙鼠走亲戚

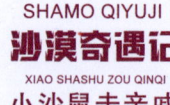

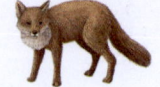

杨红樱 著

出 版 人:张 堃　　责任编辑:丁 竹　　美术编辑:欧阳春
责任校对:于 睿　　责任印制:梁庆华　　内文排版:添美图书
插　　图:一超惊人工作室
出版发行:时代出版传媒股份有限公司 http://www.press-mart.com
安徽少年儿童出版社 E-mail:ahse1984@163.com
新浪官方微博:http://weibo.com/ahsecbs
(安徽省合肥市翡翠路1118号出版传媒广场 邮政编码:230071)
出版部电话:(0551)63533536(办公室) 63533533(传真)
(如发现印装质量问题,影响阅读,请与本社出版部联系调换)
印　　制:武汉市金港彩印有限公司
开　　本:720mm×920mm　1/16　印张:8
版　　次:2020年6月第1版　2021年2月第3次印刷

ISBN 978-7-5707-0706-5　　**定价:20.00元**

目录
MULU

剿兔别动队 2

小沙鼠走亲戚 19

天兵天将 41

发生在月光下的战斗 61

巴格太太串门儿 81

艾鼬一家 103

野兔不仅对农田、牧场、森林有较大的危害，而且还传播鼠疫等疾病。野兔的天敌主要有狐、荒漠猫和艾鼬等肉食动物，还有雕、鹰、隼等猛禽，这些动物对农、牧、林业有很大的益处，我们应当加以保护。

剿兔别动队

"金雕！金雕！"

正在高空中翱翔的金雕收到了猎狗哈奇发自地面的无线电波。

"有什么事吗，哈奇？"

"不得了了！"哈奇语无伦次，"野兔……野兔……太可怕了……"

金雕感到事态严重了，不然，英勇机

智的猎狗哈奇不会这样惊慌失措。

"是不是野兔又把哪个草场变成了不毛之地?"金雕想野兔最大的危害就是走到哪儿破坏到哪儿,所到之处,寸草

多少野兔?"

"多,多得数不清。"猎狗哈奇说,"我跟你这样说吧,密密麻麻一大片,走在地上好像地面都在震动。"

金雕心想,必须彻底消灭这支野兔部队,否则,他们走到哪儿,就会把鼠疫传播到哪儿,后果不堪设想。然而,消灭野兔最

有效的办法,就是把野兔所有的天敌联合起来。

"我们应该成立一支'剿兔别动队'。"金雕当机立断,"我去召集天上飞的,你去通知地上跑的,对野兔部队进行全方位的围剿。"

他们立即分头行动。金雕在空中盘旋着,在天上寻找野兔的天敌鹰和隼。猎狗哈奇在空旷的荒漠上漫无目的地奔跑着,他并不知道哪些动物是野兔的天敌。

一队骆驼从远处走了过来。哈奇心里一阵高兴,他想这不是一支现成的"剿兔别动队"吗?

猎狗哈奇迎着骆驼队伍跑去,向领头的骆驼说明了"剿兔别动队"的意图。

"不行,不行!"领头的骆驼摇着头说,"你找错对象了。"

"怎么不行?难道你们这些又高又大的骆驼还怕那些小小的野兔?"

"不是怕野兔,我们骆驼是食素的,对兔肉一点兴趣都没有,你应该找那些肉食动物去剿杀野兔。"

哈奇觉得领头的骆驼说得很有道理,

便问他哪些动物是捕食野兔的。

领头的骆驼歪着头想了想,说:"我只知道沙狐是捕食野兔的。"

"我在什么地方能

找到沙狐呢？"哈奇急切地问道。

"这可说不准。"领头的骆驼慢条斯理地回答道，"沙狐一般都在夜间出来活动。"

"那么，沙狐住在什么地方？"哈奇更加

急切地问道。

"这也说不准。"领头的骆驼还是那么慢条斯理,"沙狐没有固定的住处,但常常住在旱獭废弃的洞中。"

哈奇告别了骆驼队,去寻找沙狐。

在一个旱獭废弃的洞中,哈奇果然见到了一只沙狐。待沙狐对哈奇消除了警惕后,哈奇问他愿不愿意参加"剿兔别动队",沙狐一跃而起。

"太愿意了!"沙狐说着马上就要行动。

"别急!"哈奇拦住了沙狐,"白天野兔们都隐藏起来了,等黄昏的时候,我们再统一行动。"

哈奇让他多联络一些沙狐来参加"剿兔别动队"。

"没问题,包在我身上。"沙狐啪啪地拍着胸脯说,"我建议再去找艾鼬来。别看他们个儿不大,可都是捕兔的能手。"

"在什么地方能找到艾鼬呢?"

"艾鼬也是夜间活动的动物,白天很难见到。但是,艾鼬的洞却很容易找到,他们洞周围虽然杂草丛生,但是有很难闻的气味。"

猎狗哈奇告别了沙狐,按照沙狐说的特征,往杂草丛生的地方跑去。他的鼻子最灵,很快便嗅到了难闻的味道,循了过去,果然有一个跟鼠洞一样的洞口。

哈奇在洞外喊道:"艾鼬,你愿意参加'剿兔别动队'吗?"

过了好一会儿,艾鼬才从洞里爬出来,表示他愿意参加。

哈奇让他去动员所有的艾鼬都来参加"剿兔别动队"。

"没问题,包在我身上。"艾鼬把胸

口拍得砰砰响,"我建议你再去找些荒漠猫来。要说追捕野兔,荒漠猫才叫厉害呢!"

按照艾鼬的指引,猎狗哈奇来到长有

灌木的稀疏的树林里。荒漠猫也是夜间活动的动物,白天很难见到他们的影子。

眼看着太阳快落山了,猎狗哈奇放声呼喊起来:"荒漠猫——"

哈奇正在呼喊,忽然听到身后传来一阵可疑的声音。他一回头,吓得倒退几步,一只像小老虎一样的动物,正圆瞪着

双眼,注视着哈奇的一举一动。原来他就是荒漠猫。

猎狗哈奇向荒漠猫说明了来意,荒漠猫满口答应,并保证将所有的荒漠猫都召

集起来参加"剿兔别动队"。

黄昏时分,野兔部队浩浩荡荡地前进时,"剿兔别动队"也开始行动了。

在金雕的统一指引下,天上的猛禽展开他们宽大的翅膀,从高空向野兔部队俯冲下来。惊慌失措的野兔们四处逃窜,又被潜伏在四周的沙狐、艾鼬、荒漠猫和猎狗们围追堵截。这支带着鼠疫病菌一路传播的野兔大军,终于被一举歼灭了。

沙鼠和黄鼠是沙漠、荒漠、半荒漠地带最常见的动物，它们都以植物的绿色部分为食，生活在农田附近的则会咬食禾苗并大量地盗食粮食，对农业和治沙造林有较大的危害。沙鼠和黄鼠都在白天活动，但黄鼠到了冬天要冬眠，沙鼠不冬眠。

小沙鼠走亲戚

小沙鼠从一生下来,就过着无忧无虑的生活。

小沙鼠的家在一个长着梭梭树、猪毛草和琵琶菜的地方,所以,一年四季,他们总是有充足的食物。春天,沙鼠们将梭梭树和灌木枝的外皮剥去,只吃木质的部分。夏天,又嫩又软的绿枝长出来后,他们就专吃这种肉质多汁的绿色植物。沙鼠们还常常爬到梭梭树的上部,在离地面一两米处,先咬断梭梭树的枝条。枝条落在地上后,几只沙鼠再围上来慢慢享用。到了秋天,沙鼠们就吃植物成熟的种子,还把大量的种子储存起来,留到冬天吃。

现在正是天高云淡的秋天,沙鼠一家

已开始把食物往家里搬运了。小沙鼠跟在妈妈的身后,跑来跑去,忙个不停。

小沙鼠看见有好多跟他们长得不一样但又有点相像

的小动物也在这里搬运食物,便大叫起来:

"妈妈,有贼!"

"哪里来的贼?"

沙鼠妈妈四下望了望,然后笑了,"他们不是贼,是阿拉善黄鼠。"

小沙鼠还不服气:

"他们在我们的地盘上搬运食物,我要去抓他们。"

"别——"沙鼠妈妈忙拦住了小沙鼠,"让他们搬吧,阿拉善黄鼠是我们的亲戚。"

"亲戚？"小沙鼠头一次听说他们家还有除了沙鼠以外的亲戚。

既然是亲戚，就应该去走访一下。沙鼠妈妈为冬天储备食物忙得不可开交，没有时间去，于是小沙鼠决定自个儿去走亲戚。

小沙鼠紧跟着一只阿拉善黄鼠，越走越近，现在他把阿拉善黄鼠的样子看清了。

阿拉善黄鼠的毛色跟沙鼠的毛色有点接近。阿拉善黄鼠的毛色是土黄色，沙鼠的毛色是沙黄色，但毛尖都是黑色。尾巴就大不一样了，阿拉善黄鼠的尾巴是棕黑白相间的三色环，而沙鼠的尾巴则是鲜艳的锈红色。

小沙鼠还发现,阿拉善黄鼠有个最大的特点,就是他们的眼睛特别大,眼睛周围有一个白圈。怪不得他们有"大眼贼"这个不好听的绰号。他

们的耳朵却很小很小,小得几乎看不见。

这只阿拉善黄鼠跑到荒滩上的一个洞口边,突然转过身来说:"你跟着我干什么?"

小沙鼠说:"我来走亲戚呀!"

"谁是你的亲戚?"阿拉善黄鼠的大眼睛紧紧地盯着小沙鼠,"你是属什么科的?"

小沙鼠如实回答:"仓鼠科的。"

"可我是属松鼠科的。"

小沙鼠很失望:"难道我们不是亲戚?"

"应该有一点亲戚关系吧。"阿拉善黄鼠想了想说,"不管是沙鼠还是黄鼠,都是鼠啊!"

"那我们还是亲戚啰!"小沙鼠又高兴起来,指着那个洞口问,"这是你的家吗?"

阿拉善黄鼠没说"是",也没说"不是"。
"我可以进去看看吗?"
阿拉善黄鼠犹豫了一下,但还是带着小沙鼠进了洞。只见

这个洞很浅,也很简陋,里面什么也没有。

"你们家就这个样子呀?真不能跟我们家相比。"

阿拉善黄鼠问:"你们家是什

么样子的?"

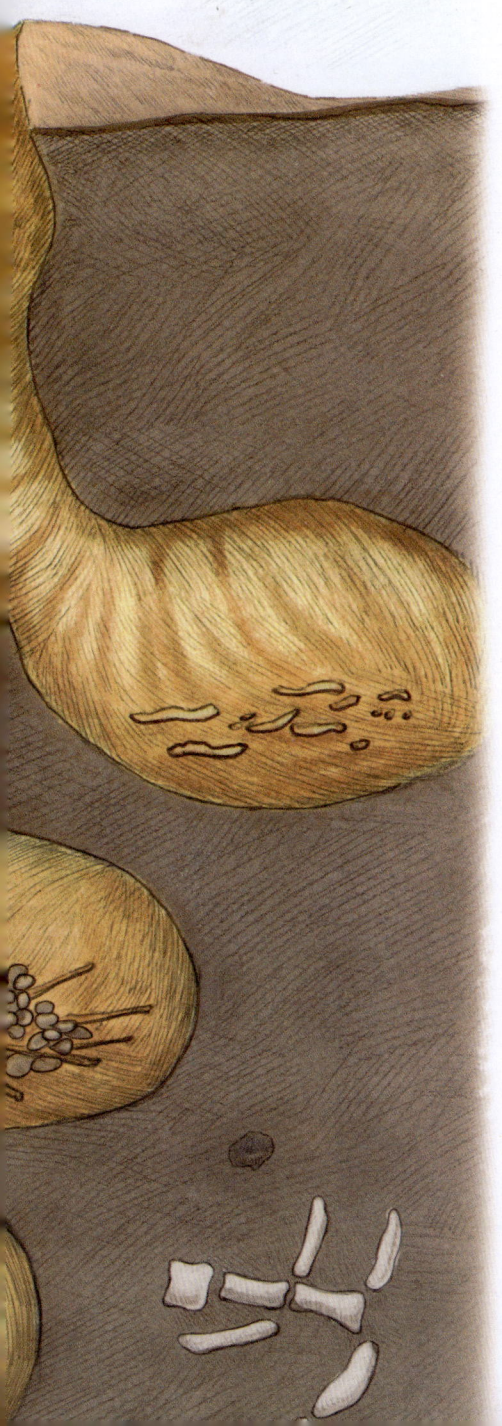

"我们家呀——"

小沙鼠绘声绘色地描述道,"是我的爷爷的爷爷修的,上下三层,有许多卧室,卧室里铺着又细又软的干草,另外还有专门储存食物的仓库,以及厕所。你只要看看我们家门口的那座小土丘,就知道我们家有多大了。"

阿拉善黄鼠不明

白:"我见过你们家门前的那座小土丘,这跟你们家的大小有关系吗?"

"怎么没关系?"小沙鼠说,"这些沙

土都是从洞里挖出来堆在那里的。洞越长越大越深,挖出来的土就堆得越高。"

"有道理!有道理!"阿拉善黄鼠听完连连点头。

"其实,这个洞不是我们的家。"阿拉善黄鼠不想在小沙鼠面前显得太寒碜，便实话实说，"这个洞是我们短时间休息和逃避敌害的临时洞，我们的主洞不在这里。"

"这原来不是你的家呀！"小沙鼠感

到受骗了,转身要走。

"我们不是刚认识嘛,这点防备之心是难免的。"阿拉善黄鼠赶紧拉住小沙鼠,"你别生气,我这就带你去我们的主洞。"

阿拉善黄鼠又是赔礼,又是道歉,小沙鼠这才消了气,跟着他去了主洞。

主洞在离临时洞不远的地方。洞口呈圆形,小沙鼠见洞口附近没有明显的土

堆,心里便知道阿拉善黄鼠的家不会很大。

进了洞后,小沙鼠发现离洞口不远处有一个转弯,又看见这个洞的长度不到五米,很少有岔道,卧室呈椭圆形,都在两米左右的深处。

阿拉善黄鼠一家对小沙鼠非常热情,

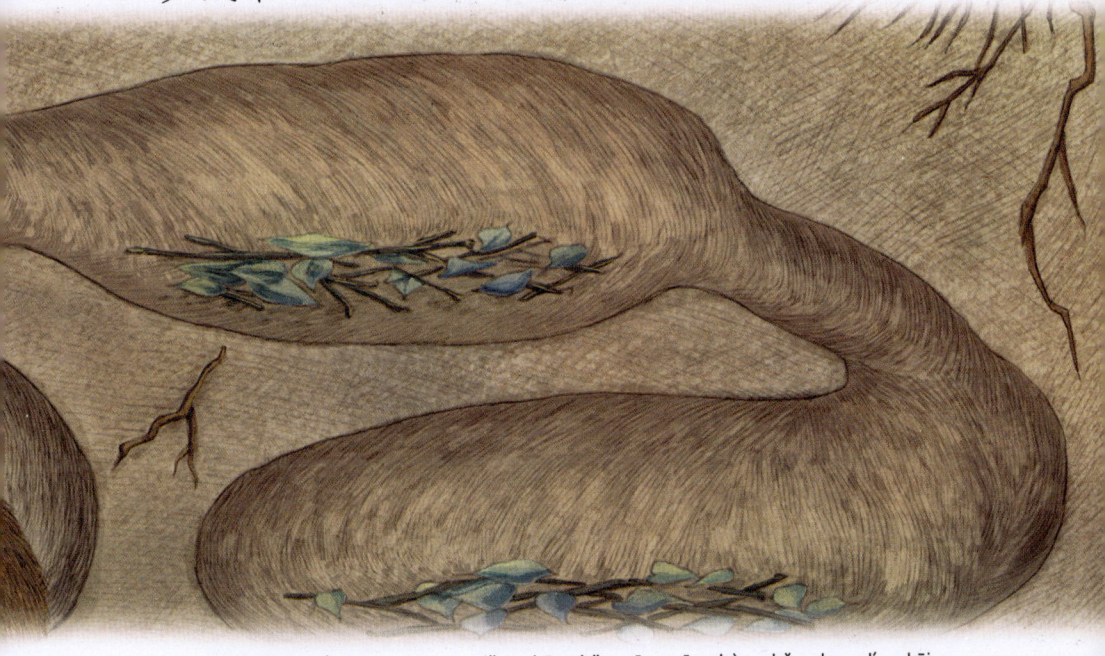

他们拿出准备过冬的食物来招待小沙鼠，小沙鼠在这里度过了愉快的一天。

太阳落山了，小沙鼠依依不舍地离开了阿拉善黄鼠的家。

冬天说到就到了，荒漠上风雪交加，十分寒冷。小沙鼠好几天没有出洞了，实

正在冬眠，
谢绝来访，
明年春天见！

在是憋闷得很。他多么想再到阿拉善黄鼠家去拜访一下呀！

趁妈妈不注意，小沙鼠从洞里溜了出来。外面好冷呀！小沙鼠顶着寒风，冒着

大雪，来到阿拉善黄鼠的家。可是，洞口被一块大石头封住了，石头上还写了一行大字：正在冬眠，谢绝来访，明年春天见！

原来阿拉善黄鼠是要冬眠的，小沙鼠只好回去了。他盼望着，盼望着春天快快到来。

鸢是我们常见的老鹰的一种,属于鸟纲隼形目,是一种大型猛禽。鸢常见于沙漠与绿洲交界地带,主要捕食各种鼠类和野兔,也吃蛙、蛇、鱼和蝗虫等。鸢能起到保护农作物、固沙防沙和清理环境、保护环境的作用。

天兵天将

鸢将军带领着两个鸢士兵,在绿洲和沙漠的交界地带奋战了整整七天,终于彻底歼灭了一支破坏沙生植物的阿拉善黄鼠大军,还没来得及歇一口气,又收到了来自地面的紧急呼叫。

"沙漠1号!沙漠1号!我是沙漠2号!我是沙漠2号!"

"沙漠1号"是鸢将军的代号,"沙漠2号"是牧场的一只猎犬的代号。

"我是沙漠1号!我是沙漠1号!"鸢将军回答道,"请讲!

请讲!"

"沙漠1号,请你速飞至莫干牧场,一支野兔大军浩浩荡荡地过来了。"

鸢将军一听,情况危急,立即给鸢士

兵下命令:"准备出发。"

他们展翅高飞。鸢的翅膀非常大,像鸢将军这样威武雄壮的鸢,翅膀展开足有两米宽,鸢士兵的翅膀伸开也有一米多宽。

鸢飞的时候,不需要像一般的鸟那样不停地扇

动翅膀。他们只需要把翅膀展开,借助上升气流的力量,就可以在空中翱翔了,这使他们的飞行姿态不仅雄健,而且优美。

虽然莫干牧场离

鸢起飞的地方足有四十公里远,可是不到几十分钟,莫干牧场就已出现在他们的视线里。"莫干牧场到了,注意搜索地面。"

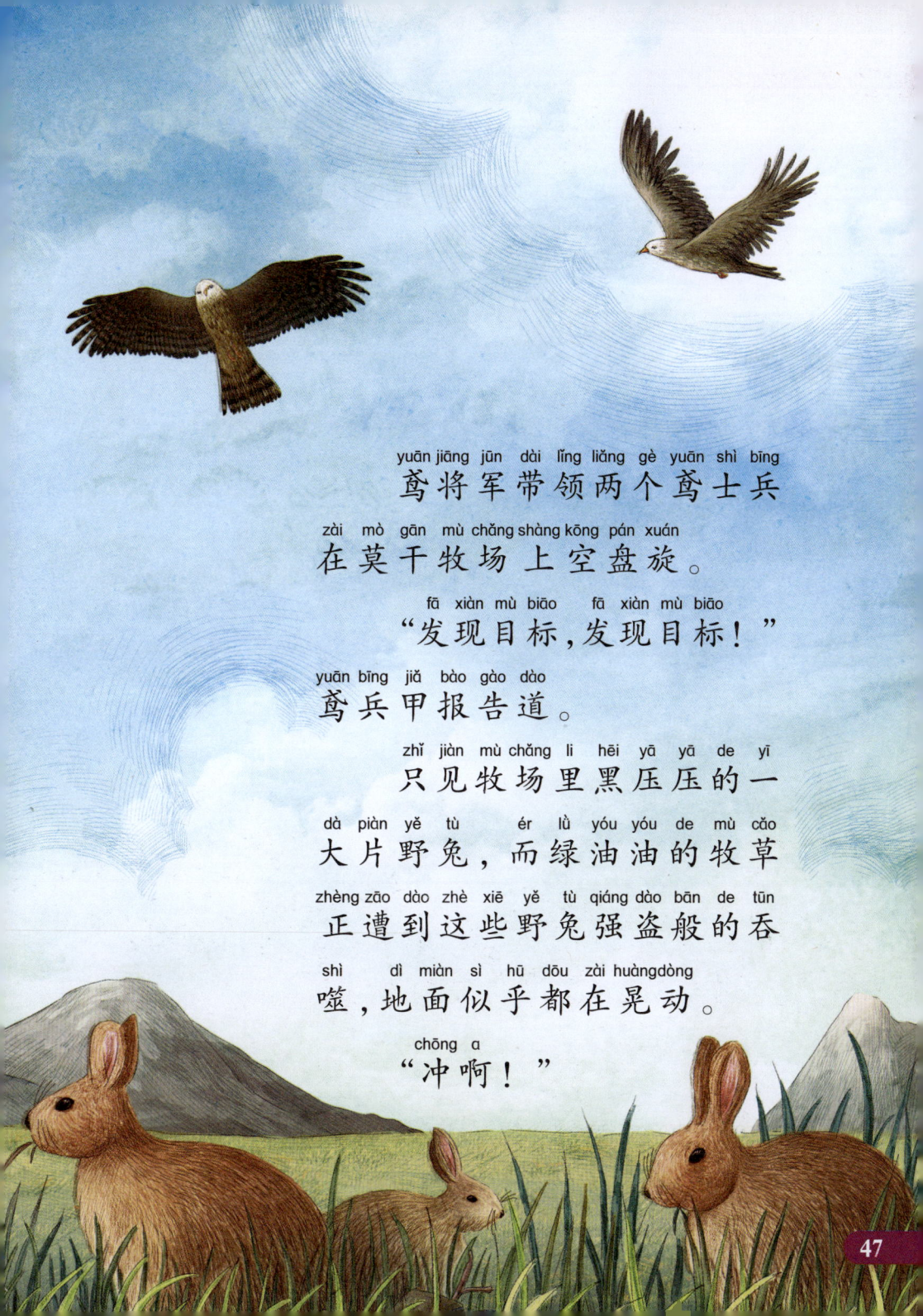

鸢将军带领两个鸢士兵在莫干牧场上空盘旋。

"发现目标,发现目标!"鸢兵甲报告道。

只见牧场里黑压压的一大片野兔,而绿油油的牧草正遭到这些野兔强盗般的吞噬,地面似乎都在晃动。

"冲啊!"

鸢将军带领着鸢士兵向野兔们俯冲下去，他们尖锐有力的钩爪抓住野兔，立刻腾空而起，整个过程身体都不着地。

他们捉了几只野兔后，很快发现自己的努力无济于事，浩浩荡荡的野兔大军好像没有受到任何影响，仍若无其事地继续前进。

"将军,我们怎么办?"

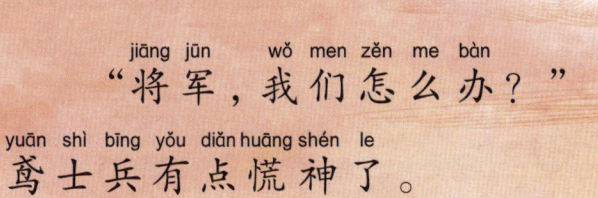

鸢士兵有点慌神了。

鸢将军十分沉着冷静,果断地下达命令:

"我们飞到前面去,

阻止他们前进!"

他们从野兔大军的头上掠过,飞到前面,突然掉转身,迎面向野兔们俯冲下来,拦住了他们的去路。

野兔大军顿时乱了阵脚,你挤我,我挤你,慌作一团。

"把他们往后面赶。"

鸢伸着利爪钩嘴,逼迫野兔们向后退。

野兔们仓皇逃命,跑出了莫干牧场。鸢还在野兔们的头上飞。

"难道我们就一直这样,野兔跑到哪儿,我们就跟到哪儿不成?"

"当然不!"鸢将军回答得很坚决,"我们要消灭野兔,像消灭阿拉善黄鼠一样。

一只不剩,全部消灭。"

鹰将军之所以没有采取行动,是因为他还没有想出一个具体的好办法来。

"将军,"鹰士兵叫道,"我看见东南方有一条深沟!"

鸢将军也看见了那条沟,真的很深,至少有十米深。

"有办法了!"鸢将军大叫一声,"我们把野兔往沟里赶!"

他们从野兔群

中抓起几只强壮的野兔,抛向东南方。这几只已被吓破了胆的野兔疯狂地向前跑,其他的野兔也跟着这几只野兔狂奔起来。

眼看着快到深沟边了,野兔们仍狂奔不止。

第一只野兔跳下去了,后面的野兔接二连三地也跟着跳下去了。

等最后一只野兔跳下去后,深沟都快被填满了。底层的野兔被挤压,窒息而死;上面的野兔还在垂死挣扎,企图爬出深沟。有几只野兔好不容易爬上来,立即被鸢将军和鸢士兵捉住。

鸢就这样昼夜守卫在沟边,看着作恶多端的野兔在沟里一只只死去,饿了就从沟里抓几只野兔来饱餐一顿。

莫干牧场又恢复了往日的平静,在夕阳的余晖里显得那样安宁。鸢将军望着地平线上那一轮滚圆的落日,情不自禁地向落日飞去。他一边飞,一边啼叫,叫声尖锐,渐渐变为长长的颤音,好像箫声一般,在很远的地方都能听见。

"沙漠1号!沙漠1号!我是沙漠5号!我是沙漠5号!"

鸢将军又听到了紧急呼叫。"沙漠5号"是一只守护蓝宝石水库的警犬。

"我是沙漠1号!我是沙漠1号!请讲。"

"蓝宝石水库边发现了一具马的尸骨,请你速来处理。"

鸢将军唤来鸢士兵,全速向蓝宝石水库飞去。

蓝宝石水库是整个沙漠地区唯一有

水的地方,犹如沙漠的眼睛,大家都倍加爱惜。一具动物的尸体被丢弃在那里,势必会污染那里的环境和水库里的水。

几分钟后,鸢将军带领鸢士兵赶到了蓝宝石水库,一眼就看见了那具使蓝宝石水库显得肮脏的尸体。

他们向那具尸体俯冲下去,齐心协力,把

尸体吃进了肚里。蓝宝石水库又恢复了往日的洁净和美丽。

那只巡逻的警犬连连称赞道："你们不仅是沙漠的卫士，还是沙漠的清道夫，真不愧是保卫沙漠、保护沙漠绿洲的天兵天将。"

鸢将军带领着鸢士兵又翱翔在沙漠的上空，哪里需要他们，他们就飞到哪里去。

跳鼠在我国北方就有十来种。最常见的为三趾跳鼠，主要生活在沙漠中固定的和半固定的沙丘上，对沙漠治理有一定的危害。沙狐是跳鼠的主要天敌之一，对农、林、牧都有很大益处。在沙漠地区，沙狐是固沙植物的忠诚卫士。

发生在月光下的战斗

沙漠的夜晚是很美的。如水的月光流泻在连绵起伏的沙丘上,就像给白天看起来非常粗犷的沙漠蒙上了一层温柔的面纱。而从远处传来的鸣叫声又如哀怨的哭泣声一般,给沙漠增添了几分神秘的色彩。

这个时候,跳鼠先生和跳鼠太太从沙

丘上的洞里出来了。沙狐先生和沙狐太太也从洞里出来了。跳鼠是出来吃植物种子的,而沙狐是出来吃跳鼠的。可是,这样的月光,这样的夜晚,使跳鼠和沙狐都变得浪漫起来。

沙狐已经发现了跳鼠。然而月光下的沙狐太太心情很好,她柔声细语地对沙狐先生说:"亲爱的,我们去散散步吧!"

沙狐先生也不愿辜负了这美好的月色,便和沙狐太太迈着优美的步子,在月光下散起步来。但是,他们的视线

始终没有离开过那对跳鼠。

跳鼠先生和跳鼠太太则跑上了一座高高的沙丘,用后腿站立着,煞有介事地抬头望着月亮,不时还挥舞一下他们那又短又小的前肢。

"他们在赞美月亮呢!"

"真是滑稽!"沙狐先生笑道,"难怪都叫他们沙漠小丑。"

沙狐太太说:"我真羡慕他们能够像人那样站立。亲爱的,我们为什么不能像他们那样站立呢?"

"那是因为我们沙狐的前腿和后腿一样长,而跳鼠的后腿

是前腿的三到四倍长,他们当然能像人一样站立了。"沙狐先生觉得沙狐太太很笨,连这么简单的道理都不明白。

那一对自得其乐的跳鼠丝毫没有察觉躲在另一座沙丘下、正在暗暗观察他们一举一动的敌人——沙狐。他们赞美完月亮,又面对

面地坐在沙丘上,用前肢蘸着唾液打扮起来。

跳鼠的样子长得很怪,头上耸起一对兔子般的长耳朵,乌黑的大眼睛与小小的脑袋极不相称。跳鼠背部

的毛色跟周围环境一样，是沙黄色的，而腹部是白色的，身体比家鼠还要大一些。比身体还长的尾巴是跳鼠最明显的标志，尾巴末端长着一撮黑白分明的长毛。

打扮完毕,跳鼠先生和跳鼠太太从高高的沙丘上跑下来。因为他们的脚底下有厚厚的硬毛垫,所以能跳得很高,一跃就是两三米。跳跃中的跳鼠身体保持平稳,这全靠他们的尾巴,既是平衡器又是方向舵;靠着尾巴他们还能在空中改变方向。

跳鼠一口气跑出了沙丘地带,来到了一个长着补血草的地方。蓝色的补血草在荒凉的沙漠的衬托下,显得格外的妖娆娇艳。那细小的花瓣与银白的月光交织在一起,远远看去,如雾如烟。

然而,这美丽的景色并没有引起跳鼠的怜惜之心,只引起了他们要摧毁一切的

强烈欲望。他们用发达的凿齿状门齿,咔嚓咔嚓,咔嚓咔嚓,拦腰咬断花枝。顷刻间,那一大片美丽的补血草失去了生命。

"我要杀了他们!"沙狐太太咬牙切齿道,"他们这样糟蹋补血草,这可是我最喜欢的花呀!"

"不要鲁莽!"沙狐先生拦住了沙狐太

太,"跳鼠的听觉十分灵敏,你还没跑过去,他们早就跑掉了,而我们是追不上他们的。"

这些道理沙狐太太都明白,她只是被气糊涂了。她也知道,以往常的经验,对跳鼠只能智取,不能硬来。

看着刚才还开得热热闹闹的补血草现在都倒在了他们的脚下,这对跳鼠心满意足地跳走了。

沙狐夫妇悄悄地跟在后面。

跳鼠跑到了荒漠与绿洲的交界地带，蹿进了西瓜地。

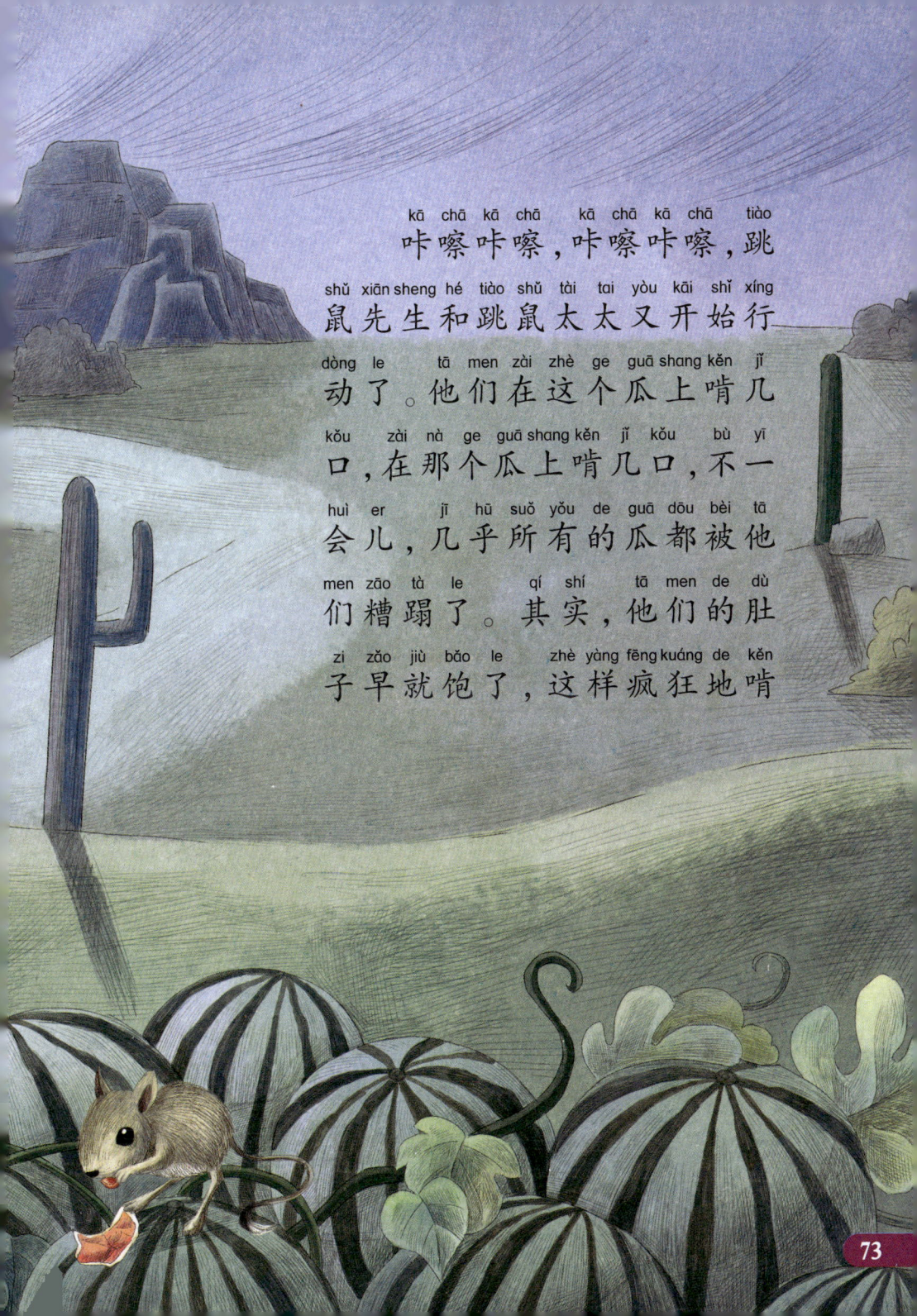

咔嚓咔嚓，咔嚓咔嚓，跳鼠先生和跳鼠太太又开始行动了。他们在这个瓜上啃几口，在那个瓜上啃几口，不一会儿，几乎所有的瓜都被他们糟蹋了。其实，他们的肚子早就饱了，这样疯狂地啃

咬，只是为了磨短他们的门齿。因为跳鼠的门齿没有牙根，一直不停地在生长。如果他们不靠啃咬东西来磨短门齿，就会连嘴都合不拢了。

已是下半夜了，跳鼠先生和跳鼠太太推着一个小西瓜从瓜地里出来了。

"他们真贪婪啊！"沙狐先生悄悄

地对沙狐太太说,"吃不了还要兜着走。"

"他们怎么带走呢?"沙狐太太想象不出来,"虽然是个小西瓜,但对跳鼠来说,还是很大的。"

偷盗成性的跳鼠总是有办法的。只见跳鼠太太翻身仰卧在地上，四条腿紧紧抱着那个小西瓜。跳鼠先生用嘴咬住跳鼠太太长长的尾巴，倒退着跳，硬是把小西瓜拉走了。

"他们死到临头了！"

沙狐先生带着沙狐太太躲在一蓬密

密的花棒下,屏气凝神地等候着那对喜滋滋的跳鼠。

运瓜的跳鼠们过来了,沙狐先生和沙狐太太一跃而起,一眨眼工夫,跳鼠先生便进了沙狐先生的肚子,跳鼠太

太也进了沙狐太太的肚子。

当然,一只跳鼠是填不饱沙狐的肚子的。沙狐的胃口可大了,一个晚上,少说也要吃二三十只跳鼠才行。

天快亮了,沙狐先生和沙狐太太都感到肚子还是空空的。

"我们快吃饱了回洞里去吧!"

因为沙狐是夜行动物,白天都隐伏在洞里,所以必须在夜晚把肚子吃得饱饱的。

沙狐先生和沙狐太太在沙丘上、荒漠上奔跑着,他们像意气风发的士兵,英勇顽强地消灭着鼠类敌人。

当沙狐先生和沙狐太太回到洞里的时候,太阳正从东方的地平线上一点一点地往上跳。刚刚升起的太阳永远不会知道昨晚发生在月光下的战斗。

裸鼹鼠是穴居的，同时也是群居动物。它们成群地生活在一起，一群可达上百只。鼠群的社会结构十分复杂而且有效，由一只雌鼠统治。在一个裸鼹鼠群当中，除几只成年雄鼠外，其余的都是雌鼠的子女。

巴格太太串门儿

沙鼠巴格太太是很喜欢串门儿的,附近几乎所有的鼠洞她都去过了,所以她交了不少的朋友,也长了不少的见识。

这天一早,巴格太太就从家里走出来,她准备到远一点的地方去串门儿。

太阳刚刚升起,巴格太太沐浴在金色的阳光里。她在阳光下奔跑起来。

82 沙漠奇遇记

突然,她看见前方有一个小土堆,土堆中间不断喷着沙子,就像从火山口喷出熔岩一样。这可是见多识广的巴格太太从来没有见到过的景象啊!

巴格太太跑了过去。当她跑近土堆的时候,飞扬的沙土使她睁不开眼睛。可偏偏巴格太太是喜欢看热闹的,所以,她把眼睛一闭,冲了过去。

"啊——"

巴格太太听到一阵惊叫,感觉自己掉进了一个洞里。

巴格太太睁开眼睛一看,她真的是掉进了一个有几十只小动物的洞里。她看见那些惊魂未定的小动物长得跟她有点相似,只是脑袋还要尖一点,身子还要长一点,身上的毛也要少一点。

小动物们惊恐万分,乱作一团。

"你们不要害怕,我是沙鼠巴格太太,你们是谁?"

"我们是裸鼹鼠。"

"裸鼹鼠?"

巴格太太见过沙漠上好多好多的鼠,什么阿拉善黄鼠、三趾跳鼠都见过,就是没见过什么裸鼹鼠,连听都没听说过。

"我在沙漠上认识各种各样的鼠,怎么从来没见过你们?"

"你当然看不见,因为我们从来不出洞。"一只稍微大一点的裸鼹鼠说,他的胆子似乎要大一点。后来巴格太太才知道,他是负责警戒的警备队队长。

"快干活吧!"警备队队长朝那些小裸鼹鼠喊道,"一会儿女王就要来视察了!"

听说女王要来视察,几十只小裸鼹鼠立即行动起来,用特有的协作方式开始掘洞。只见最前面的小裸鼹鼠用牙齿和爪子挖掘,然后用腿将泥土推向身后。另一

只小裸鼹鼠紧跟在他的后面,再将这些土往后推。他们一只接着一只,排成一字形长蛇阵。通过这种接力方式,他们一直将土运到地面上,在地面上形成了像正在喷发的火山那样的小土堆。飞扬的沙土也是

小裸鼹鼠用腿刨出来的。

巴格太太问警备队队长:"为什么掘洞的都是一些小裸鼹鼠?"

"这是我们女王分的工,"警备队队长回答道,"幼小的裸鼹鼠负责掘洞和采集食物,像我们稍大一点的裸鼹鼠就负责警戒工作。"

巴格太太由衷地赞叹道:"哦,你们女王倒是挺有领导才能。我能去拜访她吗?"

警备队队长迟疑了一下,虽然他的眼睛看不见巴

格太太长什么样子,但听她的声音,觉得她应该没有什么危险。

警备队队长同意带巴格太太去见他们的女王。

走在纵横交错的

洞道里，巴格太太发现裸鼹鼠的家修得非常精致和讲究，是所有沙鼠、黄鼠和跳鼠的家不能比拟的。

"这么多条通道，你们会不会迷路？"

"不会的，"警备队队长说，"虽然我们的眼睛看不见，但我们的听觉和嗅觉是很灵敏的。"

巴格太太很惊讶:"所有裸鼹鼠的眼睛都看不见吗?"

"是的。因为我们裸鼹鼠世世代代都生活在地洞里,眼睛已经退化了。"

警备队队长熟门熟路,带着巴格太太参观了他们的餐厅、卧室、仓库、育儿室和厕所。巴格太太一边看,一边赞叹不已:"不可思议,太不可思议了!"

警备队队长问道:"难道你的家不是这样吗?"

"我的家哪能跟这儿比?"巴格太太自我解嘲道,"吃、喝、拉、睡全在一个洞里。"

这次轮到警备队队长说了:"不可思

议,太不可思议了!"

最后,他们来到一个豪华的洞里,里面铺着一些鸟毛和干草。一只硕大的裸鼹鼠趴

在几片彩色的羽毛上,旁边毕恭毕敬地趴着七八只成年裸鼹鼠。

"这就是我们的女王。"警备队队长指着那只硕大的裸鼹鼠向巴格太太介绍道。

巴格太太向女王俯下身去:"沙鼠巴格拜见女王!"

女王似乎很高兴,她毕竟长年累月地生活在不见天日的地洞里,巴格太太的来访,多少带给她一点新鲜的感觉。

女王让巴格太太起身,把身边七八只裸鼹鼠介绍给她:"他们都是我的丈夫。"

"哦？"巴格太太吃了一惊，"你有这么多丈夫？"

巴格太太这一辈子就只有一个丈夫，而且还是个脾气不好的丈夫。

"这有什么大惊小怪的？"女王漫不经心地说道，"我告诉你吧，这王国里除了这几只裸鼹鼠是我的丈夫，其余全部是我的孩子。"

"哦？"巴格太太又吃了一惊，"一百多只裸鼹鼠全部是你生的孩子？"巴格太太想，她自己算是能生孩子的了，一胎最多也有八只。她一共生了六胎。而且，她早就是曾祖奶奶了，她女儿生了孙女，孙女生了曾孙女，曾孙女都怀孕了。

看巴格太太呆呆的样子,女王问道:
"巴格太太,你在想什么?"
"我在想,你的女儿们怎么没生孩子?"
"是我不准许她们生。"女王的声音听起来很冷酷。

"哦？"巴格太太又吃了一惊，"你不准许你的女儿们生孩子？"

"这是为了巩固我的统治地位。"女王在巴格太太的耳边得意地说，"我在厕所附近排出大量含有毒素的分泌物，这样我的女儿们就不能生孩子了。"

天下竟有这么狠心的母亲,巴格太太一点都不喜欢这个自私的、充满了权力欲望的女王,她从裸鼹鼠洞里跑了出来。

阳光暖洋洋地照在巴格太太的身上,她从来没有像现在这样热爱阳光。她感叹那个拥有巨大权力的女王是多么的可怜呀,一辈子连阳光都没见过。如果拿女王的宝座和阳光让她选择,她宁愿要阳光。

艾鼬是小型食肉兽类，属于哺乳纲食肉目鼬科，与黄鼠狼是近亲。在我国，艾鼬分布在长江以北地区，栖于开阔山地、草原、荒漠及村庄附近。在沙漠边缘也常常见到它们。艾鼬能大量捕食鼠类，对农、林、牧业都有很大的益处，我们应该加以保护。

艾鼬一家

艾鼬妈妈和艾鼬爸爸喜欢不停地变换自己的住处。

"亲爱的,"艾鼬妈妈对艾鼬爸爸说,"春天里我又要生孩子了,我们现在住的这个洞实在太小,也不够漂亮,我们再去挖一个吧!"

艾鼬爸爸便带着艾鼬妈妈去寻找新

的洞址，他们喜欢把家安在地势较高、野草丛生的地方。

他们选好了地方。艾鼬爸爸正准备挖洞，艾鼬妈妈却发现这里已经有一个洞了，洞边还堆着一个小土堆，这是沙鼠洞的标志。

"我们去吃点夜宵吧！"艾鼬爸爸说，

"吃饱了肚子好挖洞。"

"我也正想吃点东西。"怀孕期间,艾鼬妈妈的肚子总是饿得很快。

艾鼬爸爸和艾鼬妈妈一前一后进了沙鼠洞。

这个沙鼠洞里住着十几只沙鼠，他们是一个庞大的沙鼠家族。艾鼬爸爸和艾鼬妈妈进去后，分别占据了两个进出的洞口，把十几只沙鼠都堵在了里面。

"哈哈，"艾鼬爸爸喜滋滋地说，"今晚我们的夜宵很丰盛嘛！"

沙鼠是艾鼬最喜欢吃的食物。艾鼬吃起沙鼠来，真是毫不费劲，因为他们的犬齿很长很尖，一下子就可以置沙鼠于死地。他们上颌的最后一颗前白齿和下颌的第一颗白齿特别发达，呈剪刀状，完全可以把沙鼠撕成碎片。艾鼬吃沙鼠时的吃相应该说是优雅的，他们总是把嘴里的肉慢慢移向嘴角，用裂齿切开后，再细嚼慢咽。

没用多长时间，这洞里的十几只沙鼠就都成了艾鼬爸爸和艾鼬妈妈肚里的点心。

"吃得真饱啊！"艾鼬爸爸心满意足地说，"我们也该去挖洞了。"

艾鼬妈妈懒洋洋地说："干吗要去挖洞呀！"

"你不是想换一个新的洞住吗？"

"这里不是挺好吗？"艾鼬妈妈挺着大肚子在沙鼠洞里走来走去，"有卧室、贮藏室、厕所,还有现成的育儿室……"

艾鼬爸爸把沙鼠洞仔仔细细地看了一遍,也赞叹不已:"没想到沙鼠还有这个能耐,我们的

洞跟沙鼠的洞真是没法比。"

艾鼬爸爸和艾鼬妈妈就在沙鼠洞里住了下来。

初夏时节,艾鼬妈妈在洞里生下了五

只小艾鼬。刚生下来的小艾鼬眼睛都睁不开,身上也几乎没有毛,艾鼬妈妈就把他们放在育儿室里。

半个月后,小艾鼬的眼睛睁开了,身上的

毛也长得很密了。他们身体背面为沙黄色，腰和臂都长着黑尖毛，鼻子周围和下颌为白色，脸部和四肢是黑色。他们的样子跟他们的爸爸妈妈非常相像。

这个时候的小艾鼬还离不开妈妈，艾鼬妈妈每天都要给他们喂奶。这样过了一个半月，也就是小艾鼬生下来两个月后，

艾鼬爸爸对小艾鼬们说:"孩子们,你们都长大了,必须离开你们的妈妈去独立生活。"

小艾鼬们不愿意,紧紧依偎在艾鼬妈妈的身边:"我们还小呢!"

艾鼬妈妈把小艾鼬们推开,说:"孩子们,你们不要怪爸爸妈妈狠心。我们这是真正地为你们好,从小就要培养你们独立

生活的能力。"

艾鼬妈妈一边说,一边把她的孩子们都推到洞外去。

洞外是一望无际的荒漠,显得那么空旷,那么寂静,小艾鼬们很害怕。

"爸爸,我们住在什么地方呀?"

"妈妈,我们肚子饿了怎么办呀?"

115

"孩子们,别着急!"艾鼬妈妈轻声安慰道,"我和你们的爸爸当然会教给你们一些生活的本领。"

艾鼬爸爸和艾鼬妈妈带着他们的孩子,

首先练习奔跑,然后练习游泳和爬树。

"你们瞧!"艾鼬爸爸指着洞边有一堆土的洞口说,"这就是沙鼠洞。沙鼠是咬食固沙植物的有害动物,

所以你们可以毫不客气地进入他们的洞里,毫不客气地吃掉他们,再毫不客气地把他们的洞据为己有。"

小艾鼬们听了艾鼬爸爸的话,真的毫不

客气地进入沙鼠洞,吃掉了里面的沙鼠。一只小艾鼬还毫不客气地把沙鼠洞据为己有。

艾鼬爸爸指着一个洞边没有小土堆的洞口说:"这是阿拉善黄鼠的洞。阿拉善黄鼠和沙鼠一样,也是咬食固沙植物的有害动物,你们也完全可以毫不客气地进入他们的洞里,毫不客气地吃掉他们,再毫不客气地把他们的洞据为己有。"

小艾鼬们听了爸爸的话,真的毫不客气地进入阿拉善黄鼠的洞,吃掉了里面的阿拉善黄鼠。尽管阿拉善黄鼠的洞不如沙鼠的洞那样精致,但还是有一只小艾鼬把它占为己有。

紧接着,剩下的三只小艾鼬也各自找到了鼠洞并占为己有,开始了他们独立的生活。

小艾鼬们和他们

的爸爸妈妈一样,不会在一个地方住很久,总是喜欢换新的住处。因此,他们占据了许多鼠洞,吃掉了许多沙鼠和阿拉善黄鼠,成为沙漠鼠类的大克星。